Die filosoof se klip boek

antieke wetenskap

STEVEN SCHOOL

ISBN: 154039056X
ISBN-13: 9781540390561

VRYWARING

Hierdie publikasie is bedoel vir informatiewe doeleindes slegs. Nóg die outeur nóg die uitgewer enige aanspreeklikheid vir die gebruik of misbruik van die inligting wat hierin vervat is aanvaar. Geen waarborg is hetsy uitdruklik of stilswygend ten opsigte van die akkuraatheid of volledigheid van enige inligting wat hier aangebied word. Hierdie boek advies van enige tipe uitmaak nie, of is dit bedoel vir enige spesifieke persoon nie. Enige van hierdie dinge by die huis probeer nie. Enige stowwe verteer nie. Raadpleeg altyd 'n gekwalifiseerde geneesheer vir mediese advies.

TOEWYDING

Hierdie skriftelike werk is opgedra aan die moderne geslag van nuuskierige gedagtes en word beïnvloed deur die hand van tyd. Dit is 'n alchemical traktaatjie op die groot werk van die son en maan of die skeiding en samehang daarvan in behoorlike verhouding soos in ooreenstemming met aard gedoen is.

INHOUD

Erkennings

ERKENNINGS

As die groot en venerable Vader van ligte vir ons gesê het in die
smarag tablette, dit het sy geboorte in die aarde, die wind
(water) het dit in sy maag, sy krag dit pleeg aquire in die vuur,
en dit die een ding, kom alles deur aanpassing uitgevoer.
Sout aan die kruis.S.A.S. 2016.

www.howtomakethephilosophersstone.com

1 INLEIDING

In die antieke wêreld van alchemy was daar twee soorte mense, diegene wat die geheime van die kuns geken het en diegene wat nie het. Hierdie twee klasse van persone in die Bybel as die onkundige en die wyse beskryf was en dit was ook symbolized deur die ontwaking van Adam en Eva toe hulle verteer die verbode vrugte van die boom van kennis van goed en kwaad. Dit is ook geskryf dat die herders is geneig om hul werklik trots van skape, word diegene wat verbied is om deel van sodanige geheime kennis ten einde die skeiding van klasse vir hou as almal gelyk was en dan daar sou geen konings of koninginne om te heers oor die laer wêreld wees. Deur die geskiedenis daar is geheime vergaderings van geheime verenigings gemerk deur simboliek wat oral gevind word. 'N geheime k, 'n geheime drink, drink broer, en leef die leuse van die initiated kinders was. Jesus by die laaste Pasga, hou op 'n hout k, die Heilige Graal te gaan soek vir almal om te sien maar slegs deur die wyse verstaan. Die gekose paar of die verligte mense. Die antieke wetenskap bedek 'n groot baie onderwerpe soos geneeskunde, wetenskap, Metallurgie, wiskunde, astrologie, sterrekunde en meer. Hermes Trismegistus was die pa van Wetenskap genoem en was met 'n sleutel figuur in die verdere ontwikkeling van die hermetic kuns word gekrediteer. Die antieke Egiptenare benut die ankh as hul simbool vir ewige lewe omdat hulle geglo het dat mens bedoel was om te leef vir ewig in perfekte gesondheid sonder siekte of dood. Hierdie teorie is gemerk deur die boom van die lewe wat van in die Bybel geskryf is. Daar is sommige wat glo die magtige eikebome boom kan leef vir duisende jare en verder dat aangesien God het alle dinge gelyk om te groei en te vermenigvuldig soos soort, dat so dit behoort ook te wees met ons en met alle ander dinge insluitend die metale en die klippe. Ewige lewe gekenmerk deur die boom van die lewe en symbolized deur 'n geheime tuin genoem Eden vir die gekose paar wat die manier gevind of andersins was geïnisieer, die verligte mense wat loop die

1

aarde as "Gode" oorweging van hulself te wees meer as net sterflinge bloot omdat hulle besit kennis wat teruggehou is uit ander vir duisende jare. Jesus was 'n timmerman gesê is, en die meeste almal weet dat hulle met hout werk. Hy ook gesê is om die grond wonderbaarlik genesing die siekes met 'n hoeveelheid wit gekleurde poeier afgelê het. Die primitiewe alchemical proses het begin met 'n eenvoudige formule van vuur en water om op te tree op die saak. Dit was ook gesien as verskeie Indiese stamme gebou kano's wat hulle sou kies 'n gevalle boom en gebruik vuur om te hol dit voor quenching dit met water. Hulle sou dan skraap uit die verkoolde gedeelte en herhaal hierdie werk totdat die kano was gevormde en gereed om te gebruik. Hulle vind dit makliker om die hout met vuur as met die hand gereedskap van 'n gemeenskaplike ongevalle / en dis alchemy, die antieke formule van vuur en water. Dit is interessante punte om te oorweeg soos ons vorder in die res van hierdie boek.

Steven School. 2016.

2 ANTIEKE MEDISYNE

Die boom van die lewe.

Antieke alchemists het geglo dat siektes en sicknesses van die liggaam is net 'n newe-effek of 'n simptoom van 'n wanbalans van die individue ph, terwyl kwessies met betrekking tot die gedagte gepaardgegaan het met ammoniak in die brein of die bloedstroom. Hulle het ook geglo in een medisyne, 'n universele medisyne wat sal neutraliseer suur of selfs ammoniak en bring ons terug na 'n alkaliese ph balans sodat die liggaam kan genees of herstel self deur die generering van nuwe selle. Hierdie "medisyne" gesê veroorsaak 'n versterking van die ledemate (bene), en was ook deur die feit dat dit veroorsaak dat plante floreer bekend word. Hulle het geglo dat miskien ons was nooit bedoel om te verwelk en doodgaan maar in plaas daarvan om te bly groei soos die magtige eikebome boom, hier in die tuin wat vir ons gebou was. Oor die jare het ek gehoor stories van naby dood ervarings wat briljante wit ligte ingesluit en sprokies van heerlikheid en prag. Ek het nuus, wanneer ek was 'n kind van ongeveer vyf of ses jaar oud, my ouma het my op 'n road trip te Tehachapi omdat sy wou kyk na grond vir verkoop in die hoop van die bou van haar droom huis vir haar aftrede. Om 'n lang storie kort ek sal kry reg aan die punt van die saak. Soos sy met die verkope personeel ontmoet ek moes by die speelterrein wat het een van daardie hoë metaal skyfies tipiese van die vroeë tot middel negentien sewentigerjare. 'N ouer kind klop my af van die skyfie en ek beland op my rug op die sand, ek slaan die agterkant van my kop op die konkrete footer vir een van die regop stutte. Die wêreld het begin om te draai en dan alles na swart verwelk. Tot my deurgedring het drie dae later in die hospitaal en my ouma was deur my bed sit. Sy het gesê ek het 'n harsingskudding uit slaan my kop op die beton gekry, maar wanneer ek op my rug geland my hart gestop het. Sy het my vertel dat teen die tyd dat die ontkiemslag aangekom het my hart was nie klop, ek het geen pols, ek ook was nie asemhaal nie. Ek was heeltemal reageer nie en hulle ingelig haar dat ek dood was. My ouma was histeries, hulle probeer alles wat hulle kon en hulle daarin geslaag om 'n paar goed lyk dit want ek het drie dae later wakker te doen. Baie jare geslaag en ek het gedink terug na daardie tyd, onthou wat voorgekom het. Ek het selfs begin om te beskryf die gebeure aan ander wanneer ek hoor mense praat oor die persone op TV beskryf die afterlife of naby dood ervarings en so voort. Volgens wat ek gegaan het deur my begrip is dat ek het aan die ander kant en kom terug. Wat ek gesien het was niks blackness, leegheid, 'n volledige gebrek bestaan. Daardie tyd is weg, daar was niks daar wat my gebring tot die besef dat as ons die ewige lewe wat aan ons belowe is in die Bybel wat dit moet kom voor dood vind en nie na sedertdien dood die teenoorgestelde van die lewe. Alles wat ons het in die dood, is presies die teenoorgestelde van wat ons het in lewe, yin en yang, wit en swart, lig en duisternis. Die ewige slaap van die dood, of die gawe van die ewige lewe. Alchemists het 'n belang in die magtige goue eikehout. Vir sy krag, sy lewensduur, en sy voortdurende groei. Die goue eikebome boom.

4

Een oggend I awoke en bereid om te gaan werk, ek opgemerk word iets anders op hierdie dag, my knieë beseer en hulle het gevoel soos been teen been. Die gewrigte wou nie korrek werk nie en ek kon hoor as jy klik geluide wanneer ek probeer om te kry op of af wat was ook nogal moeilik. Dit het kom vinnig en onverwags was. Ek begin te bekommerd wees nie, sou ek word vermink? Sou ek in staat om te funksioneer en om te sorg vir myself wees? Dit my die saak aanlyn navorsing gevra word en die eerste ding wat ek afgekom tydens 'n internet soektog wat my aandag gevang is dat achy gewrigte en veral die knieë is 'n teken van 'n onbehoorlik funksionering lewer. Ek het geweet dat wanneer ek my liggaam geskep wat dit benodig, bene, kraakbeen, lewensbelangrike organe, brein saak, ens is gebore. Ek het vinnig besef dat wanneer my lewer was nie behoorlik funksioneer nie, dit gestop my liggaam se vermoë om te herstel en om self herstel soos natuur bedoel het. My navorsing aangedui dat die lewer kwansuis nuwe selle te herstel homself in 'n tydperk van drie maande kon herstel. Ek sit af die alkoholiese drank, ek het ys water met vars snye suurlemoen gedrink. Ek het gegaan om twee verskillende vitamien winkels te kry aanvullings, asook 'n paar aanlyn wat hulle het nie voer bestel. Ek het begin met melk distel pille wat veronderstel was om goed vir my lewer wees, ek verkies ook Haai kraakbeen pille, vis olie kapsules en Echinacea kruie tee. Ek het begin ry my fiets weer so goed. Eers een skoot rondom die blok, dan twee, dan drie... My knieë voel nou groot. Ek het gehoor oor ander wat gekies het chirurgie eerder watter kan laat littekenweefsel. Ek stel my geloof in moeder natuur eerste en sy het my in die steek laat. Die moraal van die storie is dit, ek hypothesize dat my liggaam is bedoel om homself te genees! My artritiese knieë was net 'n newe-effek van 'n onderliggende probleem! Ek het amper vergeet om te noem een van die aanvullings wat ek gekoop het en dit is een van my uiterste gunstelinge, koraal kalsium wat rumored is om te help oxygenate die liggaam bo-op om 'n groot bron van kalsium in my opinie. Suurstof... die asem van God! Wanneer ek oorweeg Bybelse rekeninge van mense kwansuis lewende vir een duisend jaar of meer ek dink die feit dat beide die lug en die waterkwaliteit moet gewees het soveel beter in hul tyd. Geen duisende motors vas in spitsverkeer verkeer brand my kosbare suurstof toevoer, geen fluoried en geboortebeperking gepomp letterlik aan my kraan. En dan is daar die Bybelse geskrifte wat opdrag gee ons nie om te eet leavened brood, leaven beteken gis wat is 'n lewende organisme wat voed op suiker na alkohol skep. Ek glo die Bybel is reg oor wil dit nie in ons liggaam. Dit sê ook nie om te eet cloven hoofed wolwe gooi, mikro-organismes?, parasiete?, wurms? Ook wil ek graag noem iets wat ek onlangs ontdek, aartappels en tamaties is 'n lid van die nightshade familie van plante. Nightshade is giftig. Die aartappels en tamaties egter is net baie effens giftig maar as gevolg van hierdie baie natuurlike genesers adviseer om nie te eet nie, geen meer Franse patat met ketchup, kapokaartappels, aartappelslaai, ens. Ek ontwikkel spatare geweeg in lewe deel van ek sekere dis as gevolg van 'n derde graad brand maar nie alles ontvang. Ek is 'n ywerige koffie drinker vir baie, baie jare nou. Ek kan drink dit oggend, middag, aand of selfs nag. Een pot koffie is genoeg vir my by ontbyt tyd. Ek het besluit om op te hou drink dit maar na ses uur my verstand en liggaam gesê dude, na die hel nie! Ek het gevoel asof my brein het ingekrimp het, blykbaar nou Dis 'n spons vir kafeïen. Na alles van hierdie jare van oor koester dit is bewys dat 'n harde gewoonte te breek. My navorsing toon dat die bloedvate nie bestand, ek glo nie dat hulle enige elastisiteit aan hulle wat beteken indien hulle is uitgestrekte, is hulle nie weer terug na hul oorspronklike grootte of vorm het. Koffie bevat kafeïen wat kry die bloed pomp vol spoed vorentoe buddy, maar wat gebeur wanneer die effek dra? Is my bloedvate verlaat los en gestrekte uit?, ek dink nie so nie. Indien hierdie hipotese korrek is dan sou dit nie nadelig beïnvloed my kardiovaskulêre stelsel? Ten minste die kafeïen is my koraal kalsium aanvullings regdeur my liggaam pomp. Dat ek tans enkele ek eet meestal magnetron prepackaged bevrore dinge. Dit het onder my aandag gekom omdat ek hou min groeisels op die agterkant van my kop. Kanker kom na vore en vir een of ander rede my instink sê vir my om te oorweeg die mikrogolf. Nou, kom ons keer terug na antieke medisyne. So die alchemists van lank gelede gesê het in 'n universele medisyne, 'n goue elixir, 'n goue soma geglo het. Die Bybelse boom van die lewe kom na my mening hier, waar hierdie ding is?, wat is hierdie ding? Laat ons begin met die eerste woord van sy beskrywing, boom. Soos 'n soms in die gesig kon dit so eenvoudig wees? Die ou wysgere geskryf oor hul goue nie lelik nie of hul goue tak, asook 'n goue soma, of 'n goue elixir. In hul riddles hulle lief om te dans rond en herinner aan die eikebome boom. Een in die besonder in my gedagte, die goue eikebome boom. Ek dit as geskep uit my kaggel, (eikebome as), ek fyn tot poeier en hulle gebruik 'n oondvaste bak in my oond gebak. My bedoeling was om suiwer die as in hitte deur enige brandbare onsuiwerhede weg te brand. Ek met 'n paar filters gestapel die afgekoelde saak in my koffie pot geplaas en dit net soos koffie gebrou. Die water wat die pot vol was van 'n goue kleur, ek sommige van dit om droogheid te verdamp en was gelaat met 'n wit poeier. Die alkaliese sout van potash is 'n interessante onderwerp wanneer ons delf in die geskrifte wat lê vorentoe in hierdie artikel. Die antieke alchemists gewaarsku dat te veel (oorbenutting) van hul geheim "elixir" sou die liggaam aan die brand en die gees uitlaat. My eie persoonlike hipotese is dat te veel kalium waarskynlik 'n hartaanval kan veroorsaak. Ek het agterkom dat wanneer ek strooi as in my tuin dit blyk te wees die beste plantkos wat ek ooit gesien het nie, dit veroorsaak dat die plantegroei in my agterplaas om te floreer, welige en groen. Ek strooi rondom hout as en dan wag vir moeder natuur te bring die reën. Reënwater en as veroorsaak my plante floreer. Twee duisend

6

jaar gelede in die eerste eeu Plinius die Ouere het geskryf Historia Naturalis wat ek glo beteken natuurlike geskiedenis. Twee duisend jaar neem ons pad terug in die dieptes van alchemy. Wat 'n groot plaas om te grawe vir insigte in die antieke wetenskap! Die geskrifte van die kursus is skynbaar nooit eindig maar 'n juweel opgelewer. In daardie tye, Plinius voorgestel dat een jou vuurherd word u medisyne bors kan laat. 'N vuurherd is 'n kaggel en wat dit bevat nie maar hout as? Argeoloë het ou gladiator bene van die Romeinse era ontbloot. Terwyl die bestudering van die bly om te bepaal wat hul dieet gewees het, dit was vasbeslote dat hulle 'n medisinale drank van as het gedrink uit die vuur put gemeng met water. Ek glo dit is ook hoog in strontium. Verslae dui aan dat hierdie drankie gehelp spoed herstel van wonde en hul bene is ook gerapporteer is sterker of digter as dié van gewone mense van die tyd. Ek onthou dat Jesus kwansuis die grond genesing van die siekes geloop het, was sê hy was 'n timmerman en hulle werk met hout. Sommige mense glo dat hy 'n sak van wit poeier wat hy gevoeg om water, (draai die water in wyn) gehad. Ek het al gehoor 'n paar menings dat die Heilige Graal Jesus k, en dat dit kwansuis gemaak van hout. Ek glo dat in die beeld van die laaste Pasga hy mag word om vas te hou op so 'n koppie vir die wêreld om te sien. Hout, vuur en water, 'n drankie, 'n medisyne, alchemy. Miskien 'n geheim bedoel slegs vir diegene wat oë om te sien? Kom ons neem 'n blik op wat Moses te sê het, was hy veronderstel om vir ongeveer 986 jaar of so geleef het?

EKSODUS 32:20 ENGELSE STANDAARD WEERGAWE.

Hy het die kalf dat hulle het gemaak en dit met vuur verbrand en tot poeier gemaal en dit op die water gestrooi en die mense van Israel drink dit gemaak.

Ek glo dat lank gelede, in die vergete era voor video speletjies was uitgevind, dat sommige mense gebruik om figure uit hout te kerf.
Die sout van die wêreld?, die sout van die aarde?.

Matthew 5:13King James Version (KJV)

[13] Julle is die sout van die aarde: maar as die sout verloor het sy savour, wherewith moet dit word gesout? Dit is daarna goed vir niks, maar uitgebring word, en onder die voet van mans vertrap word.

John 4:13-14King James Version (KJV)

[13] Jesus antwoord en sê vir haar: elkeen wat van hierdie water drinketh weer dors sal:

[14] Maar elkeen wat drinketh van die water wat ek hom sal gee, sal nooit dors nie; maar die water wat ek hom sal gee sal in hom word 'n put water springing in ewige lewe.

Ek wil graag noem nou my mening op die boom van kennis van goed en kwaad. Daardie boom waarvan Adam en Eva gesê het van die verbode vrugte geëet het. Verbode, outlawed, verban, onwettige, vervolgde, vervolg, uitgewerp uit die tuin baba, hande af.

Genesis 2:16-17King James Version (KJV)

[16] En die HERE God beveel die man, sê, van elke boom van die tuin u mayest vrylik eet:

[17] Maar van die boom van die kennis van goed en kwaad, u sal nie eet van dit: vir die dag wat u daarvan want jy sekerlik sekerlik sterwe.

Ek gaan deel my begrip van hierdie saak in eenvoudige terme, dagga is nie 'n plant, is dit 'n boom. Ek het die bome groot en hoog, en met bas op hulle gesien. Watter plant groei agtien of meer voete hoog met dik bas op dit? 'N boom. Navorsers is nou theorizing dat dagga veroorsaak neurogenesis wat die liggaam se vermoë om sy eie beskadigde brein deur groeiende nuwe selle herstel. Herinner my van my lewer en my knieë wat ons vroeër gedek. Verbruik van die "verbode vrugte" lyk te diep en diepgaande denke stimuleer. Daar is sommige persone daar buite wat hypothesize dat hierdie materiaal kan genesing kwaliteite na dinge soos kanker. Dit het ook rumored is dat hierdie stof kan die vermoë om te herstel brein skade wat veroorsaak word deur oormatige alkohol verbruik het. Laat ons vorder nou, tot die volgende onderwerp wat ek wil bedek.

Deur die geskiedenis asyn is gebruik as 'n medisinale tonikum dikwels verweef met sulke dinge soos kruie, speserye, essensiële olies, knoffel, uie, borrie of 'n wye verskeidenheid van ander dinge. Dit het plaaslik sowel as intern gebruik is. Ek drink 'n klein bedrag een keer in 'n rukkie verdun in yswater, ook soms gebruik ek 'n bietjie appelasyn plaaslik op my Psoriase. 'N ander boererate wat ek probeer het is 'n bietjie koeksoda in 'n glas water. Ek hypothesize dat dit dalk alkalizing of miskien balanseer die PH. Ek lê verder dat dit ammoniak in die bloedstroom wat natuurlik net my gedagtes of mening en advies van enige tipe uitmaak nie kan neutraliseer.

Antieke Griekse beoefenaars van medisyne soos Hippokrates (400 vC) gesê het gemeng appel cider asyn met heuning as 'n geneesmiddel vir 'n verskeidenheid van kwale. Asyn is ook kwansuis gebruik sowat 218 vC groot rotse verkrummel. 'N vuur is gebou teen die groot rotse kry hulle baie warm en dan die asyn uitgestort op wat veroorsaak dat die rotse te kraak. Water en vuur, alchemy by die werk, hoop ek dat hulle hul veiligheid bril gedra. Ek glo ons het Cleopatra ontbinding pêrels in asyn in die artikel oor alchemical juweel klippe bedek. Daar is gerugte dat asyn nuttig in die vermindering of uitskakeling van mikro-organismes kan wees. Gedurende die tyd van Jesus asyn was ook genoem wyn wat in die Bybel gesien kan word en dit is interessant omdat dit kan help om te verstaan sekere verse uit daardie boek. Middeleeuse tye asyn was verweef met knoffel en verbruik as 'n medisinale drank aan die plaag afweer. In moderne tye is dit kwansuis vier diewe asyn genoem. Asyn is in die verlede as 'n antiseptiese skoon en ontsmet wonde gebruik. Die Europese alchemists van die Middeleeue was ook bekend as asyn gebruik het in hul alchemical werke aangaande die filosoof se klip.

Soos 'n boom groei oplosbare minerale en voedingstowwe is uitgevoer op na dit deur die aksie van water waar hulle teoreties raak gesluit binne die hout. Alchemists geglo dat hierdie boustene van aard kon word vrygestel en geskei deur die aksie van vuur en water. Vanaf blackness kom nie, die wit duif.

3 DIE GEHEIME VUUR

In ondersoek na die geskiedenis van alchemy een neig om oor verwysings na 'n geheime water wat geglo is nodig ten einde te voer of voer die groot werk van die magnum opus gaan wees. Hierdie stof is rumored bevat wat die alchemists genoem die geheime vuur. In die geskrifte van Theophrastus Paracelsus het hy voorgestel dat hierdie water deur die apothecaries van sy tyd verkoop is. John Pontanus het geskryf dat hy meer as twee honderd pogings by die skepping van sy klip het nie totdat hy lees die skriftelike alchemical werke van Artephius wat hy gekrediteer vir hom die behoorlike begrip van die saak te gee. So, wat is hierdie skynbaar ontwykende water?

Uit die geskrifte van Artephius, ARGENT VIVE.

Alchemists lief om te kommunikeer deur middel van simboliek, geheime kodes en anagrams soos argent vive. Eenvoudig herrangskik die letters te openbaar die geheim... VINEGARET. Asyn in moderne terminologie.

In Nicholas Flamels brief aan sy nefie genoem hy sy advies oor hierdie onderwerp, (weet met watter agent moet jou "kwik" met fortified word of dit sal wees as gemeenskaplike water).

Wit asyn is meestal gedistilleerde water met 'n klein hoeveelheid asynsuur. Die asynsuur is die "geheime fire" vervat in die water wat vereis ten einde te voer die alchemical magnum opus was. In moderne tye is dit bloot die metaal asetaat pad genoem.

Die geheime sleutel wat die metale met ywer.

4 DIE FILOSOOF SE KLIP

Die term filosoof se klip klink vir die meeste mense asof dit infers een geheim en mistieke klip, terwyl nog ander glo steeds dat miskien was dit selfs mitiese in die natuur. Ons moet hierdie artikel met 'n verligting van wat die "klip" was begin. Alchemy is 'n studie en of replikasie van aard. Die eenvoudige en antieke metode van vuur en water optree op die saak. Alchemists het drie basiese areas van werk, plant, dier, en minerale ryke geweet. Medisyne vir soogdiere was gesê om gevind te word in die eerste twee koninkryke terwyl tinkture vir minerale soos metale en juweel klippe was te vinde in die laasgenoemde geglo. Die metode van werk in die mineraal Koninkryk het in moderne tye die metaal asetaat pad geroep. Metaal erts is deur die antieke sages met asyn te produseer giftige metaal acetates wat verder verwerk in wat hypothetically bekend as die filosoof se klippe op gewerk. Aangesien daar meer as een metaal erts wat versoenbaar is met die metaal asetaat pad sou word, was daar meer as een filosowe klip. Daar is soveel verskillende klippe want daar is so aanpasbaar ertse. Elke "klip" het sy eie kleur spektrum volgens die minerale inhoud van die erts. Sommige ertse dalk moeiliker is om te breek af so hulle dalk nog meer versoenbaar met die droë pad wat begin met die speserye. Ek voel dit is belangrik om daarop te let hier al hierdie artikel gaan nie oor tegnieke of metodes egter speserye erts geproduseer wat die giftige asem van die draak wat slays of dood alles in sy pad was genoem. Enige van hierdie dinge by die huis probeer nie, enige dampe inasem nie, enige stowwe verteer nie. Hierdie boek is geskryf vir historiese verwysing doeleindes slegs en is nie bedoel om advies van enige tipe uitmaak. Praat dus teoreties daar kon soveel ander filosowe klippe omdat daar metaal erts versoenbaar met die metaal asetaat pad wees. Alchemists uitgevind kleurstowwe vir baie dinge soos glas, materiale, bakkies, borde, koppies, goblets, tapestries, en volgens legende metale asook juweel klippe. Elke klip het sy eie kleur spektrum as

Ons het voorheen genoem. 'N voorbeeld hiervan sou rooi vir yster (Mars) terwyl die yster en swael (yster Pyrite) word geassosieer met die kleur van goud. Volgens alchemical geloof die alchemis gehelp aard in die skepping van hul klippe, die materiaal gewerk op is gekies deur kleur spektrum volgens die voorneme van elke individuele kunstenaar. (Wat hulle bedoel om hul klip vir gebruik). En die basiese idee is dat hierdie waarvoor kleur alchemical juweel klippe, asook transmutation (amalgamasie) van metale. Daar is sommige wat glo dat wanneer aard skep gemstones binne die aarde se Kors wat die kleur kom uit gebroke af of decomposed metaal erts. Dit is interessant omdat baie harde rots goud mynwerkers glo dat goud is dikwels nie gevind in Limonite are waarin yster Pyrite kristalle decomposed het. So dan miskien die beoefenaars van die antieke wetenskap bedoel is om te volg die werk van aard in die skep en of kleur metale en edelstene. 'N ander geloof was dat alle dinge aftrek of ontwikkel teenoor goud oor tyd en dit is interessant wanneer ek kyk na pyritized fossiele. Pyrite sonne, (die alchemical son bekend klink hier) pyrite slakke, pyrite eiers, ens decomposed pyrite kristalle in limonite are, goud.

Sommige persone soos om te dink van die klip as 'n sout kristal, en vergelyk die werk om basiese kristal groei.

Dit wil voorkom om die aangeleentheid te vereenvoudig.

5 DIE GUALDUS NAT PAD

Trituration - om te maal in 'n fyn poeier, so fyn soos die skilders slyp die kleure. Krediet - Theophrastus Paracelsus.

Die verseëlde mikrokosmos van die alchemis. In die moderne terminologie dit kan genoem word 'n ekosisteem. Die saak was fyn tot poeier en geplaas in die retort (een deel). Die asyn aangebou (twee dele). Alchemists wou begin die groot werk in lente en vordering deur die somermaande ooreenkomstig aard sodat geen eksterne hitte nodig was. Kamertemperatuur of sonlig vir 'n sonkrag distillasie. Soos Flamel sê, die warmte van 'n uitbroei hoender. In die winter maande 'n paar alchemists begrawe hul vaartuig onder hul huis in die vuil wanneer die een vaartuig metode gebruik, ander gebruik vars perd mis, warm as, selfs loog te hou die glas warm of naby liggaamstemperatuur. Die werk voortgegaan stadig en natuurlik, ontbinding, Ekstraheer, subliming, wat sirkuleer, exalting, distillering. Die agent en die pasiënt, die vlugtige en die vaste.

Soos die asyn opgelos aangeleentheid in die retort het dit begin die natuurlik voorkom sulfuric suur in die yster-pyrite vry te stel. Hierdie kleurlose vloeistof is die bloed van die groen Leeu (yster sulfied) genoem en is versigtig oor die helm met die wit asyn gedistilleerde deur die hand van aard, alchemists gewaarsku dat die praktisyn stel slegs die behoorlike toestande, aard doen, sonder die uitlê van hande. In die retort voorgekom het die kleur veranderinge soos die werk gevorder. Swart, wit, geel, die dinastie stert en rooi.

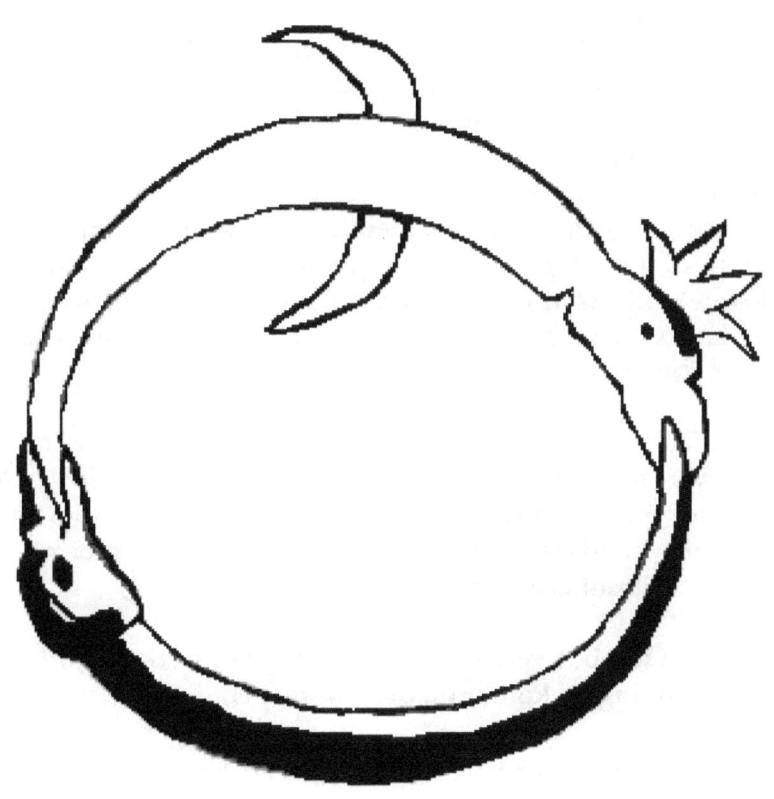

Wat die Ourobos beteken, die vaste yster pyrite in die vaartuig hieronder, die vlugtige asyn verlaat die saak en gaan oor die helm van die retort, dit is in 'n sirkel want sal dit oor en oor weer terug wees. Wanneer die droë land verskyn, (die pyrite droog is) die asyn in die houer terug op die yster pyrite gegiet is. Elke keer as hierdie regtig gebeur het voltooide een draai van die alchemical wiel. Met elke herhaling die asyn neem meer sulfuric suur uit die saak opgelos word, hierdie vermenigvuldiging of verheffing (sirkulasie) is voortgesit totdat al die "goud" (sulfuric suur) het gegaan oor die helm. "kwik" van sewe arende was gesê om te swaai die maan (produkte die wit klip), "kwik" van tien arende gesê het krag om te calcine die son, (klaar exalting die pyrite in die filosoof se klip). Wanneer die asyn geneem het die sulfuric suur oor die helm in die houer die antieke alchemists dan het dit genoem "ons mees skerp asyn", of "goed actuated kwik".

Actuated = geaktiveer. Die vloeistof het sterker of meer kragtige met elke draai van die alchemical wiel geword. "Brand" of "calcining" die aangeleentheid deur die "water" vuur nie. Vandaar die term alchemists brand nie met water nie vuur. 'N filosofiese calcination in die "nat pad".

Hierdie Ourobos verteenwoordig die groot werk van die son en maan, koning en koningin, die vlugtige en die vaste.

Elke sirkulasie verhewe kwansuis sou die saak verder.

6 DIE SENDIVOGIUS METODE

Een vaartuig. Nat pad.

Die saak was fyn tot poeier en geplaas in die vaartuig. Die asyn is bygevoeg en die top gedek met 'n breath stof bedek laat verdamping plaasvind terwyl die behoud van insekte of stof uit. die asyn los, uittreksels en sublimes die saak. In hierdie tipe alchemical op die sublimasie die opgeloste saak styg in die vloeistof en voldoen aan die kante van die glas in die boonste gedeelte terwyl die onsuiwerhede val op die bodem van die fles. Droogheid die yster pyrite was benat word weer met vars asyn en hierdie proses elf keer herhaal. Die eerste saak van metale (Flamels mercurial sublimate of die wit klip) hypothetically vas om die glas eers, in die laasgenoemde imbibitions die vaste sout (alchemical saad van goud) is uiteindelik uit die gebreekte af erts vrygestel. Die twee mingled in die water tydens die finale imbibitions verlaat die filosoof se "klip" vas aan die boonste gedeeltes van die fles toe waar dit kon jy af na word toegelaat om droog te word. Daar is gesê dat 'n ander stap na die mercurial sublimate of "Maagde melk" ingesamel en dit was inceration wat was "regmaak" die saak te behartig en dit smeltbare soos wax sodat dit sou weerstaan die vuur, en dit was gedoen in hitte genoem. Nou laat ons verstaan dit in Sendivogius woorde van die nuwe chemiese lig.

Die eerste saak van metale is tweeledig van aard, en een sonder die ander kan 'n metaal skep. Die eerste en vernaamste stof is die vog van lug mingled met warmte. Hierdie stof die wysgere het genoem Mercury, en in die filosofiese see dit is beheers deur die strale van die son en die maan. Die tweede stof is die droë hitte van die aarde, wat swaweldioksied genoem word.

Sy voorkoms is wat van olierige water by suiwer en onsuiwer alles; nog in sommige plekke is dit gevind meer vrylik as in ander want die aarde is meer oop en poreuse in een plaas as in 'n ander, en het 'n groter magnetiese krag. Wanneer raak dit duidelike, dit is clothed in 'n sekere vesture, veral in plekke waar dit niks om te klou aan het. Dit is bekend deur die feit dat dit is saamgestel uit drie beginsels; Maar, as 'n Metaalagtige stof dit is slegs een sonder enige sigbare teken van samewerking, behalwe dit wat genoem kan word sy vesture of skaduwee, swawel.

Die metale is op hierdie manier geproduseer: nadat die vier elemente geprojekteer het hul krag en Deugde aan die middelpunt van die aarde, hulle is, in die hande van die archeus (water) van aard dan gedistilleerde en sublimed deur die hitte van perpetual motion teenoor die oppervlak van die aarde. Want die aarde is poreus, en die lug deur distillasie deur die poriëe van die aarde is opgelos in 'n water uit watter alle dinge is gegenereer. (archeus is asyn).

Die kunstenaar onderskei slegs tussen wat is subtiel uit sy grosser elemente en sit dit in die behoorlike vaartuig. Natuur doen die res. Uit een ontstaan twee, en uit twee ontstaan een.

INCERATION.

Die "Maagde melk" wat uitgedruk is van die beter deel van die klip is dan versigtig bewaar in 'n ovaal vormige distillering vaartuig gemaak van glas en dag tot dag wondrously verander deur die quickening vuur.

Krediet, Michael Sendivogius.

Dit sluit die Sendivogius nat pad af.

7 DIE FLAMEL DROË PAD

In die nat pad van alchemy wat ons ondersoek het reeds die alchemis se eerste gaar hul "vuur" in hul "water" en dan later gerooster die aangeleentheid wat inceration genoem is. Die droë pad van alchemy is dieselfde maar die stappe is eenvoudig omgekeer en dit was ook baie vinniger wees. Die droë pad was geglo dat meer gevaarlik wees aangesien die alchemis was die speserye hul erts, terwyl die langer nat metode kwansuis 'n beter finale produk geproduseer word. Tydens die rooster die speserye van die erts die kleur veranderinge plaasgevind het wat al die kleure van die dinastie stert insluitend wat genoem was gebad in die pers heerlikheid en die vuur is voortgesit totdat die finale vaste rooi van "swael onbrandbare" was behaal. Die vuur die aangeleentheid afgebreek en verbrand die brandbare onsuiwerhede. Dit het gelei tot die rooi Leeu wat was dan verder verwerk deur dit in die retort net soos die Gualdus metode te plaas en dan te werk te gaan om die imbibitions met die asyn. Die antieke alchemis se dan voortgegaan met die multiplications of circulations totdat die verheffing van die saak was afgehandel. Theophrastus Paracelsus verkies die alembic vir die alchemical magnum opus (nat of droog metodes). So om te vereenvoudig, die droë pad was dieselfde as die nat pad behalwe die aangeleentheid deeglik eers gerooster is nie. Tydens die circulations die kleur veranderinge was weer gesien. Flamel het geskryf oor die dag hy bereik uiteindelik die bemeestering, dit is bekend deur 'n sekere reuk wat die hele huis wat was soortgelyk aan dié van kanferfoelie in lente gevul.

Nicholas Flamel was geglo dat die geheime van alchemy na 'n leeftyd van ywerig studie ontdek het, dit het ook gesê dat selfs met die geheime kennis hy 'n nederige boek verkoper gebly en was bekend vir aan wie skenk groot bedrae aan liefdadigheidsorganisasies insluitend kerke, hospitale, en Behuising vir die haweloses. Sy graf kwansuis leeg gevind.

8 METAAL WERK

Metaal transmutation van metale het vir eeue deur navorsers beoog is. Sommige het kernkrag samesmelting pondered terwyl ander koue samesmelting oorweeg het. Wetenskaplikes het hypothesized dat elementele swael is die nukleus van die goue atoom, sommige het hul mening dat wanneer metale is geproduseer word natuurlik in aktiewe lawa vloei agt keer meer goud kan geproduseer word as swael is teenwoordig in die vergelyking uitgedruk. Die antieke alchemists eksperimenteer met die idee van breek af die metale te onttrek hul sout en swael beginsels gebruik filosofiese "kwik" (asyn). Een teorie is dat miskien hierdie sout en swael beginsels was aangesluit of saamgesmelt word saam te skep 'n klip. Ek glo dat transmutation ou terminologie en dat in die moderne era ons dalk Vereenvoudig die aangeleentheid deur roep dit samesmelting. In primitiewe Metallurgie potash was gebruik as 'n fluxing agent om suiwer metale sowel as vir samesmelting. Houtas was calcined en fyn tot poeier. Hierdie materiaal is gemeng met metaal erts in crucibles en smelted voor in vorms gegiet word en toegelaat om af te koel. Die gevolglike stuk metaal was dan los uit die vorm en die slag weg basspaanders klop. Hierdie proses is geglo om te reinig die metaal deur skei die onsuiwerhede in die potash wat teen bo-op. Dit lyk asof die basis wat lei tot die uitvinding van staal ('n verhef vorm van yster). Sodra die metaal van sy onsuiwerhede skoongemaak was dit was gereed vir samesmelting waartydens meer van die vloed kon nie bygevoeg word. My begrip is dat die metaal sou het dan is smelted weer in 'n crucible met die fluxing agent oor 'n Houtvuur, en dan die gesmelte massa geroer met 'n yster roede terwyl val die "klip" in die mengsel. Die roer voortgesit totdat die verlangde effek was bereik en dan gegiet in skimmels en toegelaat om af te koel gewoonlik in die vorm van stawe. Klein uittandings inkap was gekrap in die grond om te dien as tydelike skimmels en die gevolglike mengsel was vinger stawe genoem. Hierdie was metaal balke klein soos 'n vinger en vandaar die naam.

Die athanor was die oond van die alchemists. Selfs die as is nuttig vir verskillende doeleindes soos ons gesien het in hierdie boek.

9 LABORATORIUM JUWEEL KLIPPE

In my alchemical werk of studies het ek begin eksperimenteer in die calcination van eikebome hout. Ek het 'n hout brandende vuur plek waarop ek probeer om te gebruik net hout sodat my as vry van kontaminante. Die laaste vuur lank weg was en ek dit geskep uit sommige van die verkoolde eikebome as. Ek hierdie materiaal in mason flesse met deksels te hou dit skoon vir my studie geplaas. Ek koop 'n nuwe oondvaste bak met 'n deksel vir sowat vyftien dollars by my plaaslike Winkel en dan fyn ek sommige van die ashoop tot 'n fyn poeier in een van my glas stamper en pestles. Ek hierdie materiaal in die bak geplaas en gebak dit in my oond vir 'n paar uur by ongeveer 300 of meer grade. Ek draai die oond en gaan na bed. 'N paar dae later ek bak dit vir nog 'n paar uur, ek Herhaal hierdie prosedure 'n paar keer en verhoog die hitte elke keer totdat ek was bak teen die hoogste temperatuur wat my natuurlike gas oond brand sou maak. 'N paar uur hier, 'n paar uur daar, verhoog die hitte. Een dag ek verwyder die afgekoelde deksel om te sien wat ek het, ek was verwag om te sien lig grys goed calcined as... Maar wanneer ek eers versamel my as sommige van hulle was swart stukke van verkoolde hout, wat ek het fyn tot 'n fyn poeier, nou ek het weer eens 'n paar stukke swart materiaal kyk soos dit het teruggekeer na die toestand wat dit was in voordat dit was fyn tot poeier... interessant. Daar was 'n verskil egter, hierdie stukke soos vierkante en reghoeke gevorm was en herinner my egter van groot gesnyde juweel klippe as gevolg van die groottes en vorms hulle lyk soos verkool swart knoppe. Ek het besluit ek sal dit weer in my stamper en vysel slyp, hulle was baie, en ek bedoel baie, hard om te breek. Ek gevrees dat my stamper en vysel sou breek eerste egter ek uiteindelik daarin geslaag om een van die stukke wat was baie moeiliker as hout kraak. Ek het begin om te dink, hout, as, verkoolde, houtskool, koolstof, hitte... en dan dit op my dawned. Die antieke alchemists was rumored die vermoë om te skep groot juweel klippe van pragtige skoonheid. En dan op daardie einste oomblik dit volmaak gemaak aanvoel hoe hulle gemaak het die ontdekking, so eenvoudig, per ongeluk regtig. In hierdie studie van die natuur die geheime net lyk of in die besit van die ywerig vervolger val. So 'n eenvoudige ontdekking. Die geskrifte van Theophrastus Paracelsus bied 'n insig asook in die kleur van alchemical klippe. Metaal bhasmas, uittreksels uit metaal erts, Ja die filosowe klippe uit die spelonke van die metale en verhewe sou deur die hande van mans. Pervading met kleur, pragtige skakerings van blou, groen, azul, vuur soos dié van goud in 'n duidelike klip herinner my van topaas, die briljantheid van die diamant, die pragtige rooi van die ruby blaarplante deur yster (Flamels God van oorlog), en die pure elegansie van die smarag oorgedra. Die ou was ook geglo dat die vermoë om te ontbind pêrels met die bedoeling om die gevolglike tinktuur te skep groter of meer waardevolle pêrels. Hier is 'n bietjie van die goody wat ek in my navorsing wat pas mooi hier gevind. Die koningin van Egipte Cleopatra was gesê dat pêrels in asyn opgelos het voor die beslag 'n gedeelte van die gevolglike tinktuur wat sy geglo het medisinale eienskappe of 'n soort van gesondheid bevoordeel. Dit gee 'n goeie gedeelte hier van hoe die ou dalk het begin 'n werk van skep alchemical pêrels.

10 TEORIE VAN TYD REIS

Tyd word gemeet as die aarde op sy as roteer. Een revolusie is basies gelykstaande aan 24 uur of een dag. Soos dit voorkom die aarde roteer ook rondom die son wat die sentrum van ons heelal in 'n toonbank kloksgewys. In hierdie mode tyd beweeg vorentoe. In een jaar kan lig ongeveer 6 triljoen myl wat gelyk is aan een lig jaar reis. Aarde jaar en ligjare gemeet word anders en so om te reis in die ruimte is om te reis in tyd. Aangesien die aarde roteer counter kloksgewys, as 'n kunsmessie of "voorwerp" wentelbaan van die aarde in die dieselfde rigting terwyl jy reis teen die spoed van lig sou dit teoreties reis word in die toekoms. As die handwerk moes omgekeerde rigting sou dit oorweeg word reis terug in die verlede. 'N ander interessante punt om te oorweeg is dat soms vliegtuig vlieg van een tydsone na 'n ander, dink vanaand verlaat en aankoms gister oggend, nou vermenigvuldig wat deur een honderd miljoen keer oor met toenemende spoed.

Steven and Belle.

MATHEW 5:13

[13] Julle is die sout van die aarde: maar as die sout verloor het sy savour, wherewith moet dit word gesout? Dit is daarna goed vir niks, maar uitgebring word, en word vertrap onder voet van mans.

[14] Julle is die lig van die wêreld. 'N stad wat op 'n heuwel opgestel is kan nie weggesteek word nie.

[15] Nóg doen mans 'n kers aansteek, en sit dit onder 'n maatemmer nie, maar op 'n candlestick; en dit giveth lig vir almal in die huis.

Die graf van Nicholas Flamel was gemerk met vreemde alchemical simbole wat mense kon verstaan nie, en hierdie ingesluit 'n son, bo 'n sleutel, bo 'n boek. Die son verteenwoordig die alchemical son, 'n pyrite son, yster pyrite kristalle. Die sleutel verteenwoordig wit asyn, en die boek, is die boek van Abraham Eleazer.

OOR DIE OUTEUR

Sommige het die vraag gevra as jy ontdek die kennis van alchemy
Hoekom sou jy dit met die wêreld deel en hou dit nie net vir jouself?

Spreuke 3:16
Geseënd is hy wat vind wysheid;
Want sy is meer kosbaar as pêrels;
En niks wat jy begeer vergelyk met haar;
Lengte van dae is in haar regterhand;
En in sy linkerhand rykdom en eer;
Al haar maniere is lekker;
En al sy paaie is vrede;
Kyk, Dianna onthul.
S.A.S. 2016.

www.howtomakethephilosophersstone.com

www.ingramcontent.com/pod-product-compliance
Lightning Source LLC
Chambersburg PA
CBHW021448170526
45164CB00001B/430